PRINCIPES GÉNÉRAUX

D'AGRICULTURE

Par M. Robert-Butertre d'Ernée (MAYENNE),

Membre correspondant de la Société d'Agriculture de Mayenne.

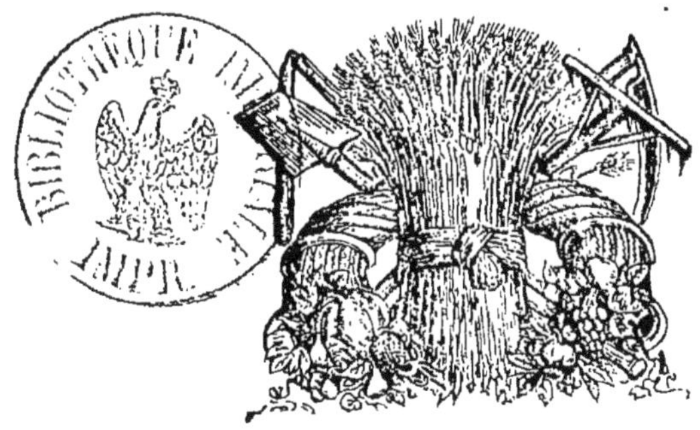

MAYENNE

IMPRIMERIE-LIBRAIRIE DERENNE.

1861

L'Académie nationale, agricole, commerciale et manufacturière ayant décerné à notre petite brochure, *Ensemencements et Labours*, une Mention honorable, dans sa Séance générale annuelle tenue à l'Hôtel-de-Ville de Paris, le 20 mars 1860, cet encouragement et cet honneur nous ont imposé une sorte d'obligation de fondre cette brochure dans un travail plus étendu et plus complet, embrassant l'étude des principales questions agricoles.

R. D.

PRINCIPES GÉNÉRAUX

D'AGRICULTURE.

Le progrès agricole est une des grandes préoccupations de notre époque. Le gouvernement, et à sa suite les Sociétés d'encouragement provoquent ou favorisent le mouvement ascensionnel. On cherche à tirer de leur somnolence sur l'oreiller de la routine, les cerveaux paresseux et sans initiative. La mécanique, la chimie, la physique, toutes les sciences naturelles apportent leur concours et tentent la solution des problèmes qui intéressent le plus l'agriculture. Il est donc bon que chacun, dans la mesure de ses forces et de ses facultés, aide à l'élucubration des questions théoriques et pratiques de l'économie rurale, ainsi qu'à l'examen des divers systèmes de culture, soit pour les encourager et les vulgariser lorsqu'ils semblent bons, soit pour les combattre lorsqu'ils n'ont la sanction ni de la raison ni de l'expérience.

CHAPITRE I.

DU MODE DE TRAITER LES FUMIERS DE FERME.

Si l'on voyait un homme faire, de propos délibéré, un trou à sa bourse, afin de perdre son argent pièce à pièce, on s'empresserait certainement d'attester sa démence et l'on aurait raison de le faire interdire. Eh bien! à voir le mode barbare et insensé dont les cultivateurs traitent leur fumier, ce trésor et ce premier capital de l'agriculture, ne dirait-on pas qu'ils ne se proposent d'autre but que d'en perdre la moitié ou les trois quarts. Cependant c'est à peine si l'on songe à leur reprocher leur folie; bien mieux, l'ancienneté et la généralité de la méthode la font presque accepter pour bonne, sans conteste et sans examen. C'est ainsi que, traditionnellement, les plus monstrueuses erreurs s'accréditent dans le monde et s'y font la plus large place, par droit d'antique origine

Parcourez nos exploitations rurales et presque partout vous verrez ceci: au beau milieu du village, à quelques mètres des étables et souvent même devant la maison d'habitation, en plein soleil comme en pleine pluie, suivant les alternatives du temps, sont accumulés çà et là des tas de fumier plus ou moins bien faits, plus ou moins bien relevés, mais tous trempant leurs bases dans la lessive de purin qui en découle et qui se perd à travers les étrages. C'est tout à la fois un spectacle qui offense le regard et un foyer d'infection qui sert d'auxiliaire et de véhicule aux épidémies, quand il n'en est pas par lui-même la cause déterminante.

Sous l'influence de la chaleur et de l'humidité et par l'effet même des acides qu'elles contiennent, ces masses de fumier entrent en fermentation et dégagent une sorte de fumée blanchâtre qui n'est autre chose que du gaz ammoniac, c'est-à-dire une combinaison d'azote et d'hydrogène. Tout ce qui se vaporise ainsi est nécessairement perdu et c'est un des meilleurs éléments de l'engrais. Puis, lorsqu'il pleut quelque peu abondamment, ces fumiers suintent et distillent une eau noire et épaisse qui, en traversant leur masse a dissous et entraîné les principes les plus fertilisants contenus dans la paille de litière et dans la fiente des animaux.

La vaporisation de l'ammoniaque et la déperdition du purin, voilà déjà deux causes qui appauvrissent les fumiers étalés en plein air. Nous verrons qu'elles ne sont pas les seules et que jusqu'au moment de l'enfouissement dans le sol le cultivateur semble avoir pris à tâche d'annihiler le plus possible l'énergie de ses engrais. Dans son langage souvent pittoresque, mais plus véridique qu'il ne le croit dans la circonstance, il compare *à un véritable marc* cette pâte de fumier ainsi réduite. Oui, c'est bien du marc en effet, mais du marc après l'étreinte du pressoir, c'est-à-dire après que tous les bons principes en ont été éliminés. Si l'on méconnaissait moins les admirables lois de la nature, on saurait que ce qui s'est ainsi perdu était cependant destiné à faire retour à la vie végétale et à reconstituer l'organisme de nouvelles plantes. L'éternelle circulation des atomes passant de la nature morte à la nature vivante, voilà la grande loi qui régit le monde.

Certainement, les hommes des champs savent mieux diriger une charrue ou manier la houe que l'homme d'étude qui réfléchit dans son cabinet. Mais s'ils agissent beaucoup, il est vrai de dire qu'ils pensent peu. Il semble que la fatigue du corps nuise aux facultés de leur cerveau et les rende incapables d'une grande contention d'esprit. Aussi les conséquences les plus directes et les plus immédiates qui découlent des lois et des faits agronomiques échappent-elles à leur appréciation. Et malgré cela, par orgueil ou par stupidité, le laboureur, le le manouvrier proprement dit, s'étonne et trouve mauvais qu'un *bourgeois* ait la prétention de lui montrer son métier. Il ne sait pas que l'homme qui a eu le loisir de devenir savant et qui, après avoir cherché les théories de la science et les avoir expérimentées dans la pratique, en a deduit des principes certains, il ne sait pas que cet homme, physiologiste, géologue ou chimiste, bien qu'il n'ait pas les mains calleuses et qu'il ne porte pas de gros sabots ferrés, peut cependant lui donner de bons conseils et le guider dans ses travaux. Cette rebellion systématique de la part des fermiers contre les leçons de la science explique pourquoi les plus illustres agronomes, les de Gasparin, les Girardin, les Joigneaux, les Valserres, etc., etc., et parmi les plus éminents chimistes, les Barral, les Malaguti, etc., etc., professent ou écrivent presque sans profit pour les campagnes. Leurs enseignements seraient même tout à fait stériles s'il ne se rencontrait quelques propriétaires intelligents qui, après s'être pénétrés de leurs préceptes, les inculquent à leur tour par la persuasion ou les font adopter par la contrainte aux fermiers qui sont sous leur dépendance.

Nous n'avons pas l'espoir d'être plus heureux que les maîtres de la science, mais ce sera toujours une voix de plus qui criera : arrière la routine! place au progrès et à la raison !

Mais poursuivons notre examen critique sur la manière de traiter les fumiers d'étable. Après avoir séjourné plus ou moins longtemps dans la cour du village et s'être appauvri comme nous l'avons dit, le fumier est mené aux champs dès les premiers mois de l'été et là, aligné en longs cordons, comme s'il s'agissait, par un plus grand développement de surface, de mieux l'exposer aux ardeurs caniculaires qui le brûlent et le dessèchent et aux eaux pluviales qui le lessivent et le maigrissent, il attendra que vienne l'époque de son enfouissement c'est-à-dire le milieu de l'automne à peu près. Comprenez-vous maintenant qu'après de telles transitions et un tel régime ce fumier ne soit plus réellement qu'un amas de détritus végétaux sans activité fécondante

Pour combler la mesure de l'impéritie et de l'ignorance et contrarier de plus en plus les lois de la nature, il s'est introduit un usage que rien ne peut justifier et qui doit être regardé comme le dernier coup porté aux derniers principes actifs du fumier, c'est l'habitude de le mêler avec la chaux, après que celle-ci est éteinte et fusée dans un compost de terre et de gazon. On ne sait pas que cette chaux, si bien delitée et fusée qu'elle soit, n'en conserve pas moins une action caustique suffisante pour décomposer sans profit les débris organiques de l'engrais et évaporer dans l'air les gaz volatils résultant de cette décomposition.

La chaux aide au dégagement de l'ammoniaque, donc il y a déperdition. Si l'on allègue avoir obtenu d'excellentes récoltes avec ce mélange, nous répondrons que cela prouve une chose que nous savions déjà, c'est qu'on peut, rien qu'avec de la chaux terreautée, avoir un beau rendement dans certaines terres et dans certaines conditions, mais c'est toujours aux dépens du sol qui s'appauvrit d'autant. Le fait acquis, certain, scientifique et indiscutable c'est que la chaux désorganise les engrais et qu'après un certain laps de temps on ne retrouve plus que quelques débris végétaux.

Après avoir constaté le mal et en avoir signalé les causes notre tâche ne serait pas complète si nous n'en indiquions le remède. Ce remède est-il coûteux, difficile à administrer, impraticable dans la petite culture? Non : il est au contraire on ne peut plus simple et réalisable pour toutes les bourses.

A trente ou quarante pas de vos étables, dans quelque coin commode d'accès mais peu en vue, sur une plate-forme de terre argileuse bien battue et rendue imperméable, établissez et montez vos tas de fumier par couches successives fortement tassées et foulées ; ayez soin de relever et de parer soigneusement avec la pelle les quatre parois de la masse ; entourez cette plate-forme d'une petite rigole peu profonde amenant l'égout du purin dans deux excavations creusées à chaque bout du tas ; abritez le tout sous un hangar couvert de paille, de broussailles ou de fagots suivant ce que vous possédez sous la main ; et vous aurez ainsi une installation très suffisante pour confectionner d'excellent engrais.

En saupoudrant chaque couche de fumier avec du plâtre pulvérisé (sulfate de chaux) ou avec une dissolution de couperose verte (sulfate de fer) il n'y aura plus à craindre l'évaporation des gaz ; car à mesure que ceux-ci se produiront par la fermentation et la décomposition des matières végétales et animales, ils seront changés en sulfates d'ammoniaque, principes non volatifs. Plus tard, lorsque le fumier aura été enfoui, ces sulfates mettront en liberté sous l'influence de réactions chimiques l'azote qu'ils avaient fixé et qui est si nécessaire à la nutrition des plantes.

Mais à propos du plâtrage et du sulfatage nous avons à faire une observation qui a son importance et qui, une fois comprise, mettra chacun à même d'apprécier la valeur de ce procédé et d'en peser les avantages et les inconvénients.

Voyons ce qui se passe dans la masse excrémentielle après que les agents chimiques dont nous nous occupons y ont été introduits.

L'acide sulfurique, qui est un des éléments du plâtre et de la couperose, ayant plus d'affinité pour l'ammoniaque que pour la chaux ou le fer avec lesquels il est associé, abandonnera ces premières bases aussitôt qu'il aura été mis en contact avec les sels ammoniacaux et formera des sulfates en se combinant avec eux. Mais les sulfates d'ammoniaque sont des sels très peu solubles et dès lors ils n'abandonneront que très lentement aux racines des plantes l'élément azoté qui fait leur valeur fécondante. Toutefois ceci, qui serait un inconvénient pour les récoltes hâtives et de peu de durée peut, au contraire, être avantageux pour les cultures de plantes qui restent longtemps attachées au sol et qui trouvent ainsi une alimentation soutenue dans la lenteur même du dégagement de l'azote.

Mais l'action chimique la plus préjudiciable, inhérente à l'emploi de ces agents, c'est celle résultant de la grande affinité de l'acide sulfurique pour les sels alcalins; car il arrivera que cet acide décomposera et neutralisera certains sels très utiles à la végétation. Ainsi le carbonate de potasse, principe si éminemment fertilisant comme le prouve l'efficacité des cendres de bois sur presque toutes les cultures, sera changé en sulfate de potasse, lequel est un sel pour ainsi dire inerte en agriculture. Ainsi, en voulant par ce moyen conserver l'ammoniaque on perd d'autres éléments non moins précieux.

Les phosphates et l'azote jouant un très grand rôle dans la nutrition des végétaux, il y aurait un extrême avantage à pouvoir les combiner ensemble. En fixant l'ammoniaque par l'acide phosphorique on arriverait au résultat cherché sans avoir à redouter les inconvénients résultant de l'emploi du gypse ou du sulfate de fer, Nous croyons donc qu'en saupoudrant les fumiers ou les pailles de litière en les étendant dans l'étable, soit avec des phosphates fossiles, soit avec des os pulvérisés ou *poudre d'os* connue sous le nom de superphosphate, l'on obtiendrait et l'on fixerait les plus riches éléments utiles à la végétation. Ce sont d'intéressantes expériences à faire.

Daus l'état actuel de la question, pour obvier à la déperdition des éléments gazeux et ne point altérer les sels alcalins, on peut se borner à comprimer et à tasser énergiquement les fumiers. Cela suffit pour tempérer l'élément fermentescible et retenir captifs dans l'intérieur de la masse les produits de la fermentation. Celle-ci pourra d'ailleurs toujours être modérée et ralentie par des arrosements de purin, toutes les fois qu'on verra les tas fumer. Voilà l'utilité des deux petites citernes creusées à chaque bout de la forme. Avec un peu de soin il sera facile d'empêcher le *blanc* c'est-à-dire la moisissure produite par un excès de fermentation sèche.

Le hangar préservera le fumier du soleil et de la pluie et vous n'aurez plus à craindre aucune déperdition sensible. A défaut de hangar installez au moins vos fumiers sous de grands arbres touffus et après avoir terminé les tas en dos d'âne couvrez-les de terre bien battue, plastique et formant un enduit le plus imperméable possible.

Vaut-il mieux employer les fumiers frais, avant toute fermentation et décomposition ou bien après qu'ils sont tout-à-fait réduits et passés à l'état de *beurre noir*, comme on dit suivant l'expression usitée?

A notre avis et en thèse générale, ni l'une ni l'autre de ces méthodes ne conviennent. Car le fumier frais contient les trois quarts d'eau et le fumier trop fait a perdu les trois quarts de sa valeur. Cependant nous admettons deux exceptions en faveur du fumier frais : 1° étendu sur les prairies, il active singulièrement la végétation et il n'est pas à craindre que les fragments végétaux de la litière se dessèchent et soient balayés par le vent, parce que l'herbe, en poussant très vite au travers de ce réseau pailleux, ne tarde pas à le couvrir et à le fixer au sol. 2° Dans la culture des fourrages hâtifs de printemps qui doivent être coupés en vert et dont nous parlerons au chapitre des assolements, le fumier peut aussi être enterré au sortir de l'étable parce que, fermentant et se décomposant moins vite dans le sol que lorsqu'il est entassé par masse compacte, il ne se trouvera fait à point que pour les semailles d'automne, et c'est là le but qu'on se propose.

Mais en général, le fumier doit être employé après que par la fermentation et la désorganisation des éléments végétaux il est arrivé à cet état où il est dit à *demi-consommé.*

Il faut aussi tenir compte de la constitution du sol arable sur lequel on opère. Si, en effet la terre est argileuse, forte, consistante, durcissant au soleil comme de la brique, un fumier long et pailleux lui conviendra très bien parce qu'il tendra à la désagréger. Si au contraire le sol est friable, pulvérulent, trop léger, trop sableux, le fumier court et gluant comme de la gélatine sera préférable en ce qu'il lui donnera du corps et qu'il y maintiendra mieux la fraicheur.

L'engrais convenablement réduit et décomposé ne sera conduit dans les emblaves que pour y être enterré sans retard. Cet enfouissement se fera isolément au moyen d'un premier labour; les composts de chaux et de terre seront ensuite répandus à la surface et simplement enterrés avec la herse Valcourt, attendu que la chaux tend toujours à s'enfoncer dans le sol.

Il sera bon que ces engrais et amendements soient enfouis assez longtemps à l'avance pour que, à l'aide des décompositions, absorptions et réactions, la combinaison de chaque molécule du sol arable avec chaque molécule fertilisante ait le temps de se produire et de former un tout homogène où les plantes pourront s'assimiler, suivant un juste équilibre, les matières organiques et minérales nécessaires à leur alimentation.

La verse est supposée avec une grande apparence de raison provenir de ce défaut d'équilibre entre les éléments organiques et les éléments minéraux. Ne paraît-il pas juste en effet de conclure que si les sels alcalins, les silicates, les carbonates de chaux, etc., n'ont pas été rendus solubles et assimilables en temps opportun, les plantes, se nourrissant presque exclusivement de principes organiques végétaux et animaux, ne pourront acquérir la consistance et la rigidité que donnent seules les matières minérales introduites dans le tissu de leurs tiges. Ne sait-on pas que la matière qui revêt extérieurement la paille lisse et brillante des céréales n'est autre chose que du verre et que pour opérer cette vitrification il faut de la silice et de la chaux.

Plus il y aura d'intervalle entre les fumures et les semailles, plus les engrais auront le temps de réagir sur le sol, de s'y incorporer intimement et de mieux préparer, dans ce grand laboratoire terraqué, les mystérieux agents nécessaires à la complète organisation des végétaux.

Le fumier de ferme étant la richesse première de l'agriculture, tout dans une exploitation bien tenue doit tendre à en augmenter la quantité. Car qu'on le sache bien et qu'on y reflèchisse, jamais les engrais du commerce, guanos, poudrettes, noirs, tourteaux de lin, de colza, ne pourront suppléer les fumiers d'étable. Si ces auxiliaires sont précieux et méritent d'être admis dans nos cultures, c'est à la condition qu'ils ne sortent pas de leur rôle d'auxiliaires et qu'ils n'usurpent pas le rôle principal. Employés seuls, tous ces engrais, trop dépourvus de matières minérales, ne produiraient que des tiges molles sujettes à la verse, à moins que le sol ne fut pas lui-même très riche en éléments de cette nature, éléments qui, dans tous les cas, ne tarderaient pas à s'épuiser et à disparaître entièrement. Au contraire, les pailles et les excréments d'animaux ont pour base, en assez grande quantité, les substances minérales indispensables pour donner aux tiges la rigidité nécessaire.

Voici comment nous résumerons en quelques mots nos observations sur ce sujet.

1° Chercher par tous les moyens possibles à empêcher le fumier d'être desseché par le soleil et délavé par les pluies ; fixer l'ammoniaque par la poudre d'os.

2° Rejeter comme mauvaise en son principe et funeste dans ses résultats la pratique, qui tend à se généraliser, de mêler le fumier avec la chaux.

3° A moins de raison contraire, enfouir les engrais assez de temps à l'avance pour qu'ils réagissent sur le sol et se combinent intimement avec lui.

4° Enfin n'admettre les engrais du commerce que subsidiairement et ne pas s'imaginer qu'ils puissent remplacer le fumier d'étable.

CHAPITRE II.

LABOURS.

Les terres ont-elles besoin d'être périodiquement remuées, tournées, bouleversées, mélangées de manière à ce que chaque molécule se sature en quelque sorte de l'*humus* qu'elles contiennent?

La pratique se charge de répondre à cette question.

S'il est vrai que, dans certaines contrées, les labours faits trop longtemps avant les semailles présentent des résultats nuisibles et que l'on soit tout surpris de ne voir lever que la moitié ou le quart des graines ou grains confiés à la terre ; s'il est vrai, par exemple, que les cultivateurs du littoral de la Manche aient remarqué que dans leurs terrains l'ensemencement devait suivre presque immédiatement le dernier labour ; il faut bien reconnaître que les éléments qui composent la couche arable n'offrent pas dans leurs combinaisons géologiques naturelles ou modifiées par les amendements, une homogénéité permanente, une affinité de molécule à molécule, telle qu'une desagrégation ultérieure ne puisse se produire. Au contraire, chaque élément constitutif du sol tend à se séparer, à s'isoler, à reprendre en quelque sorte son état normal, son gisement supérieur ou inférieur : on dirait que la nature tient à rétablir l'arrangement défait par la main de l'homme ; le mélange artificiel opéré par les labours se detruit à la longue et il se fait un travail de décomposition analogue à celui qu'on remarque dans certains liquides. Sans doute, cette désorganisation moléculaire, ce retour à l'ordre primitif ne se manifeste pas au même degré et dans le même laps de temps dans tous les terroirs. Ainsi, les terres fortes retiendront en suspens l'humus et les autres substances fécondantes plus longtemps que les terres legéres et poreuses. Mais le travail latent de désorganisation se fera sentir à la longue et il faudra toujours revenir à réunir et mêler les divers éléments du sol pour rétablir l'équilibre et ramener la fertilité. Pour rendre ceci plus sensible, supposons un sol composé de la manière suivante : une couche d'argile plastique de 20centimètres d'épaisseur ;

au dessus, une couche de silice (poussière schisteuse ou granitique, comme on voudra) de 10 centimètres ; et sur celle-ci, une couche de chaux de 5 centimètres. Notez que je prends ces proportions au hasard et que je ne les offre pas comme un type de fertilité. Enfouissez des graines dans l'une ou l'autre de ces couches superposées, et vous reconnaîtrez que chacune d'elles isolément est infertile. Mélangez le tout, et le principe de production naîtra à l'instant dans ces couches inertes. Eh bien ! les labours ont précisément pour objet principal de mélanger plus intimement les diverses bases de chaque terrain, tout en facilitant aussi, accessoirement, l'absorption des gaz atmosphériques et les influences solaires. De là, la nécessité des labours fréquents, profonds, attaquant et tournant la couche végétale tout entière.

L'*humus*, ce principe ou plutôt ce composé de principes vivifiants dont s'imprègne chaque parcelle du sol, se volatilise en partie et tend pour l'autre partie à descendre dans les couches inférieures par suite de sa pesanteur spécifique, indépendamment même des pluies, qui accélèrent d'autant encore sa disparition des régions supérieures. Il est entraîné au fond du sol comme un *précipité* quelconque au fond d'un vase. Ceci admis, et ce phénomène bien constaté, vous comprenez pourquoi dans certaines années, après un hiver pluvieux, les céréales sont si chétives généralement et ne montrent que des épis maigres et courts. C'est que les tiges, dans la couche où elles végètent, ne trouvent plus l'alimentation nécessaire à leur développement, et cela, à ce moment essentiel de l'épiage et de la grenaison, moment suprême où elles ont absolument besoin des sucs nourriciers du sol. Elles meurent de misère et elles sèchent sur pied. Bien des cultivateurs appellent cela une maladie : terrible maladie, en effet !

Le remède à cet appauvrissement du sol, ce sont des hersages énergiques précédés d'un supplément de fumure par le guano et les cendres lessivées. Je me suis admirablement trouvé, pour des récoltes compromises, de l'emploi de ces engrais auxiliaires répandus par un temps brumeux, suivi d'un violent hersage avec une herse Valcourt. J'ai obtenu un tallage inespéré et des épis uniformément beaux dont la longueur variait de 14 à 17 centimètres.

Après ce que je viens de dire sur la composition des terres végétales, et dans la conviction où je suis de la nécessité absolue de mélanger intimement par des labours fréquents et complets les divers éléments producteurs qui constituent la richesse du sol, et dont l'équilibre tend toujours à se rompre, on comprendra facilement que je donne la préférence à la culture en planches sur celle en billons.

Le jour où dans nos contrées on labourera et on nettoiera les champs comme des carrés de jardin, ce jour-là le niveau du rendement haussera considérablement. Mais cela est-il possible? Oui. Et qu'on ne crie pas à l'utopie; car non seulement ceci est praticable, mais c'est même pratiqué d'une manière générale dans d'autres pays, et on en voit aussi quelques exemples même dans nos régions de l'Ouest.

Avec une charrue à soc plat et tranchant (système Bodin), à laquelle suffit une force de traction moitié moindre que celle exigée par les charrues ordinaires, on peut fouiller le sol à 20, 25 et 30 centimètres, suivant les cas et suivant la constitution du sous-sol. Il importe que l'épaule ou versoir de la charrue forme à peu près un demi-angle droit avec la partie avancée où se trouve le soc, et soit contournée de manière à ce que, sans augmenter le tirage, elle brise la bande de terre à mesure qu'elle la soulève. C'est le système Bodin. Si le versoir ne forme avec le corps de la charrue qu'un prolongement à angle très-ouvert, comme cela se remarque ordinairement dans les charrues de notre pays, la bande de terre est moins bien brisée et reçoit moins bien par conséquent les influences météorologiques.

La figure ci-dessous représente une planche après le travail de la charrue.

Chaque bande de terre est versée sur le côté et juxtaposée à la précédente. L'aire ou le fond de la planche présente une surface plane dont toutes les bandes sont détachées. Donc le labour est complet, comme on le voit; la herse l'émotte ensuite aussi finement que l'on veut. (Je recommande la herse Valcourt).

Vous ne feriez pas mieux avec la pelle dans un jardin.

Quest-ce qu'un billon, au contraire? quatre traits de charrue, et le plus souvent encore, d'une charrue à soc conique, impriment quatre coches dans le terrain, et voilà la besogne faite.

C'est expéditif, mais c'est peu rationnel. Voyons en effet le dessous du billon. Le milieu n'est point entamé et est tout bonnement recouvert par le rejet de la terre provenant des deux premières raies. Les deux autres raies appuient chaque bande soulevée contre la précédente et laissent de chaque côté un sillon séparatif du billon suivant. Ce sillon ou raie nue n'a plus ni fumier ni bonne terre végétale, (remarquez bien ceci) car le tout a été monté sur le billon. Autant de raies de cette sorte, autant de terrain perdu pour la production. Je sais bien qu'on y sème également du grain et qu'on le recouvre avec un peu de terre empruntée au sommet du billon ; mais je sais bien aussi que ce grain vient mal, donne un épi moindre que ceux qui viennent au sommet et qu'en définitive cela ne sert qu'à former un mélange de gros et de petit grain, au lieu d'un grain uniforme. Règle générale : le haut du billon offre l'aspect d'un rang de beaux épis ; puis les épis diminuent à mesure que l'on descend vers le fond de chaque raie. C'est une véritable progression décroissante. Ceci devrait suffire déjà pour avertir que ce mode de culture est vicieux. Mais poursuivons : dans les planches bien faites, à plan horizontal, l'eau pluviale traverse la couche labourée, ce qui vaut mieux qu'un ruissellement en dessus, par cette raison que l'eau du ciel, les pluies d'orage surtout contiennent des principes fertilisants ; principes qui se dégagent et que le sol s'assimile pendant que l'eau filtre jusqu'au sous-sol. Là, si ce sous-sol est perméable, l'eau est absorbée et se perd dans les profondeurs de la terre. S'il y a au contraire imperméabilité, elle s'écoulera dans les deux raies profondes que vous aurez creusées de chaque côté de la planche, et dans aucun cas, les racines du grain ne tremperont dans une eau stagnante et sans issue, comme cela arrive dans les cultures en billon. C'est donc surtout dans les terres où règne un excès d'humidité qu'il faut faire des planches, et c'est un contre-sens bien irréfléchi que de prétendre le contraire. J'en ai vu il y a deux ans encore un exemple très-concluant chez un laboureur qui avait passé sa vie à faire des billons et qui fait des planches depuis trois ou quatre ans seulement. Je me trouvais chez lui au moment des pluies torrentielles de la fin de décembre.

Toutes les cultures voisines, en billons, étaient littéralement couvertes d'eau. Seules, ses planches étaient à sec, et l'eau s'écoulait parfaitement dans les raies profondes qui leur faisaient ceinture, ce qui leur donnait l'aspect de petits ilôts. « Oh ! dis-je à cet homme, vous voilà converti à la méthode « des planches. Est-ce que vous vous en trouvez bien? » — Du reste, son grain était bien levé et avait bonne mine. « *Il « n'y a pas moyen*, Monsieur, me répondit-il, de faire autre- « ment dans ces bas-fonds de landes marécageuses. Si mon « grain eut été fait en sillons (1), il serait complètement perdu « par un hiver comme celui-ci. » — Il avait raison Seulement, il avait mis vingt ans à reconnaître *qu'il* n'*y avait pas moyen* de faire autrement. Je pense que sa conversion durera, parce que ni l'enthousiasme, ni l'engouement du nouveau ne la lui ont inspirée.

Par sa forme convexe, le billon semble fait pour que les eaux pluviales ne le traversent pas et c'est bien là en effet le

(1) Dans le langage de la campagne un billon est un sillon.

but des cultivateurs. Mais la raie s'emplit bien vite, et comme elle n'est pas labourée en dessous, elle retient l'eau qui souvent monte et séjourne au niveau des racines, bien que le sommet du billon soit encore à découvert.

Certains cultivateurs refendent leurs billons par le milieu, et dès lors le sol est mieux labouré. Mais ce double travail devient alors plus long que le charruage en planches, et les inconvénients subsistent toujours les mêmes pour les nouvelles raies qui séparent les billons.

En vérité, le billonnage n'a pas raison d'être pour quiconque observe de près. C'est une de ces pratiques insoucieusement suivies d'âge en âge et consacrées par le temps. Mais, comme il n'y a jamais prescription contre le bon sens, quelle que soit l'ancienneté de cette méthode, elle ne doit pas être acceptée ainsi sans examen par la nouvelle génération agricole.

Il y a peut-être un cas où cette culture doit être momentanément appliquée. C'est lorsque la couche végétale sur laquelle on opère est tellement mince qu'elle serait insuffisante pour la production des céréales. Alors, en ammoncelant en billons les minces bandes de terre que retourne la charrue, on compose factıcement une couche plus épaisse; mais c'est aux dépens de l'étendue, comme on voit, et il faut se hâter par des amendements et des labours successivement plus profonds de créer un sol arable suffisant.

Il est bien entendu que pour certaines racines les billons très-élevés et donnant une grande épaisseur de bonne terre bien ameublie conviennent parfaitement et ont leur utilité particulière. Mais ce sont là des exceptions, et ces exceptions ne doivent pas être généralisées.

Le hersage des céréales au printemps favorise le tallage et donne une nouvelle vie aux plantes. C'est donc une opération à laquelle il ne faut pas manquer ; car, bien faite, elle peut donner des résultats merveilleux.

Dans les terres légères, friables, inconsistantes ; se gerçant et se soulevant sous l'action du vent et des premiers soleils de printemps, l'usage du rouleau devient également indispensable. Le tassement qu'il produit rétablit le phénomène de la *capillarité*; les plantes reprennent vigueur aussitôt, leurs racines étant remises en contact immédiat avec les sucs destinés à les nourrir. La terre conserve mieux sa fraîcheur et se fendille moins l'été. Qu'on me permette une comparaison pour rendre l'explication de ce phénomène plus sensible. Prenez une grosse éponge à grands trous qui la traversent à jour, placez-là dans un bassin où il y aura deux centimètres d'eau, exposez le tout aux ardeurs du soleil et vous verrez la partie supérieure de l'éponge se dessécher. Prenez une autre éponge de même dimension, mais finement poreuse, à mailles serrées comme un tissu, placez-la dans les mêmes conditions et vous verrez l'eau monter dans les mailles de proche en proche comme dans de petits tubes capillaires, et cette éponge restera humide dans toutes ses parties jusqu'à épuisement complet du liquide. Eh bien! la grosse éponge, c'est votre terre gerçée, crevassée, qui se brûle et se dessèche. L'autre est le sol auquel vous avez rendu par le tassement sa porosité normale et dans lequel monte jusqu'à la surface la fraîcheur et l'humidité en réserve dans les profondeurs de la terre. Voilà pourquoi les terres roulées doivent moins souffrir et souffrent moins en effet des grandes chaleurs caniculaires. La théorie et la pratique sont d'accord là-dessus.

La herse dans les terres fortes, compactes, le rouleau dans les terres soulevées, pulvérulentes, sont donc deux instruments qui ne doivent pas rester oisifs dans une ferme, au commencement du printemps.

CHAPITRE III.

Pourquoi les labours doivent être profonds et les planches horizontales.

Les plus célèbres agronomes et les plus habiles praticiens ont reconnu que les sols les mieux approfondis par les labours, étaient aussi ceux qui donnaient le plus constamment les meilleures récoltes. Depuis longtemps, en Angleterre, ces questions ont été savamment étudiées, et des expériences multiples, très-soigneusement suivies, sont venues corroborer les données de la science.

Aujourd'hui que le sort de l'agriculture française est confié aux mains d'hommes instruits, auxquels les sciences naturelles ne sont pas étrangères, il ne sera sans doute pas hors de propos et sans utilité d'emprunter aux savants leurs démonstrations et leur glossologie. D'ailleurs, le meilleur moyen, selon moi, de détruire les superstitions, c'est d'initier les cultivateurs aux mystères de la végétation, à ces lois éternelles de la nature, si savamment coordonnées. Bien que plusieurs d'entre eux ne soient pas en état de tout comprendre, c'est déjà quelque chose que de faire pénétrer une lueur dans la nuit de leur intelligence; car dès qu'une notion vraie entre dans un cerveau, elle en chasse une aberration.

La terre et l'air sont les deux grands laboratoires où la

nature forme et combine tous les éléments de nutrition des plantes. C'est donc à la chimie et à la météorologie qu'il faut demander la raison des combinaisons et des phénomènes qui s'accomplissent sous nos pieds et sur nos têtes.

Si l'homme n'a pas d'action pour modifier les conditions de l'air atmosphérique, il peut, au contraire, par ses travaux, faire naître ou empêcher dans le sol telle ou telle combinaison chimique, et c'est précisément la connaissance de ces travaux qui constitue la science agricole.

Les plantes vivent principalement d'*azote*, de *carbone*, d'*hydrogène* et d'*oxygène*, et il suffit d'examiner un instant leur structure et leur organisme intérieur, pour se convaincre qu'elles ne peuvent absorber les corps propres à leur formation qu'à l'état liquide ou gazeux.

Les racines dans le sol, les feuilles dans l'air composent le double appareil au moyen duquel s'accomplissent leurs fonctions vitales. Mais, comme je l'ai dit, les combinaisons aériennes de l'atmosphère échappant à toute intervention de la main de l'homme, les cultivateurs n'ont à s'occuper et ne s'occupent en effet que de l'alimentation des plantes par les racines; beaucoup même parmi eux ne soupçonnent pas un autre fonctionnement à la vie végétale.

Puisque l'atmosphère, dans son agitation continuelle, apporte aux feuilles une assez grande quantité d'acide carbonique pour que les végétaux y trouvent la majeure partie du carbone dont elles ont besoin, reste seulement pour nous le soin de préparer pour les racines et de mettre à leur portée les provisions de vivres qui leur conviennent.

Voyons en détail les principaux résultats que l'on obtient par les labours profonds et l'assainissement des sous-sols au moyen du drainage, quand ils ne sont pas assez perméables par eux-mêmes :

1° Les matières animales ou végétales enfouies dans le sol à une certaine profondeur, et là où ne se trouve nécessairement que très-peu d'air, dégagent en se décomposant beaucoup de gaz ammoniac (azote et hydrogène), lequel, à mesure qu'il se forme, est absorbé par l'*humus* ou plutôt par les acides qui en proviennent et qui contiennent beaucoup de carbone. (Le charbon est une variété de carbone.)

Les racines s'emparent des acides *humique* et *ulmique* enrichis d'ammoniaque, et ces acides, entraînés par la sève, se décomposent dans l'organisme des plantes et leur fournissent l'azote et le carbone indispensables à leur développement.

A la surface du sol et au contact de l'air, au contraire, l'ammoniaque se volatilise et se perd dans l'atmosphère.

On voit tout de suite, d'après ce simple exposé, que c'est une méthode bien condamnable, quoique bien usitée dans les campagnes, que d'exposer les fumiers au milieu des pièces de terre pendant les plus chauds mois de l'été, puisque l'ammoniaque qui s'en évapore et se perd dans l'air est ce qui compose le principe le plus fertilisant. Le purin, qui est peut-être la matière qui contient le plus d'ammoniaque, est perdu presque en totalité dans les fermes.

2° L'air se renouvelle dans la couche végétale et apporte aux racines des suppléments successifs de principes nourrissants. En effet, l'eau qui pénètre à travers les interstices des molécules terreuses oblige à en sortir l'air qui s'y trouvait à l'état stagnant et qui était devenu nuisible après avoir abandonné aux plantes ses éléments essentiels.

Quand la pluie a cessé et que l'eau s'égoutte dans les raies ou dans les profondeurs du sous-sol, qui ne comprend tout de suite qu'un air nouveau doive pénétrer dans le vide des pores de la terre que l'eau emplissait?

Ne méprisez pas cet air qui se renouvelle, car il apporte de nouvelles richesses à la végétation Vos binages ou hersages dans les terrains dont la surface est durcie et forme croûte, n'ont pas d'autre action ni d'autre effet que de rétablir cette circulation de l'air dans les régions souterraines, et vous savez par expérience combien cette opération est profitable.

3° La pluie, en traversant ainsi la terre, dissout les matières solubles qu'elle y rencontre et les charrie à portée des racines, qui s'en emparent. Notez encore que cette pluie elle-même s'est enrichie dans l'espace de gaz fertilisants, et qu'elle abandonne ces gaz en filtrant dans le sol.

Tout le monde a remarqué qu'après les pluies d'orage surtout, la végétation semblait avoir reçu une nouvelle vigueur; c'est qu'en effet ces pluies lui ont apporté un principe stimulant. Les éclairs, qui ne sont pas autre chose que de fulgurantes étincelles électriques, ont la propriété, dans la partie du ciel où elles resplendissent, de former de l'acide nitrique en combinant l'azote et l'oxygène de l'air; cet acide nitrique descend avec la pluie dans le sol et y forme, suivant les éléments qu'il y rencontre, des nitrates de chaux, de potasse, de soude, etc.

Chose remarquable, les pays où règnent les plus fréquents orages, tels que certains climats de l'Inde, par exemple, sont aussi ceux où l'on voit la végétation la plus luxuriante. L'acide nitrique en est certainement une des causes, car il fournit aux plantes une grande provision d'azote.

4° Le sous-sol est réchauffé par cette pluie bienfaisante; car elle a pris, en tombant, la température des couches d'air qu'elle a parcourues, et elle apporte et ajoute ce nouveau calorique à la chaleur naturelle des couches arables qu'elle traverse. Si la surface du sol est elle-même échauffée, la pluie entraîne encore avec elle le calorique jusqu'aux racines, et la végétation en est excitée et activée d'une façon souvent surprenante.

5° La constitution et les propriétés physiques du sol peuvent être modifiées dans bien des cas par les labours profonds. En amenant à la surface 5 à 6 centimètres de terre jaune ou argile, on peut donner du corps et de la force à une terre trop friable et trop poreuse. Réciproquement, dans les terres tenaces et trop argileuses, le sable ou la silice du sous-sol corrigera ce défaut.

Il résulte de tout ce qui précède, que si vous faites vos cultures de façon à ce que la pluie ruisselle dessus comme sur le toit d'une maison, non seulement vous les privez du carbone, de l'azote et des autres gaz que l'eau apporte avec elle des régions du ciel et qui sont des engrais qui ne vous coûtent rien, mais encore celle-ci, en courant sur vos labours à surface convexe, dissout toutes les matières organiques et salines que son contact rend solubles et les entraîne dans les raies et les ruisseaux; au lieu d'enrichir votre terre, elle l'appauvrit, et les plantes souffrent et périssent en grand nombre.

Tout est avantage, au contraire, si vous faites vos planches horizontales, c'est-à-dire à surface plane, sauf à les entourer d'autant de raies d'égoût qu'il est besoin pour que l'eau qui les traverse n'y séjourne jamais. Les jardiniers mettent leurs fleurs dans des vases dont le fond est percé d'un trou, afin que l'eau ne reste pas stagnante aux racines. Faites en sorte aussi que les racines de vos plantes ne trempent pas dans une eau sans issue, car cette eau croupissante leur est nuisible, et soyez persuadés que toute méthode de labour qui n'atteint pas ce but essentiel est condamnée, dans son principe, mauvaise et doit être rejetée.

CHAPITRE IV.

DU CHOIX DES SEMENCES ET DU VITRIOLAGE.

Le choix des semences préoccupe à juste titre l'esprit des bons cultivateurs ; mais malheureusement il n'y a sur ce point aucun principe fixe, car l'empirisme des traditions obscures et bien souvent contradictoires ne peut servir à asseoir une doctrine de quelque valeur. Les uns vous disent qu'ayant récolté d'excellent grain, ils l'ont ressemé plusieurs fois et en ont été très-contents. D'autres ont l'habitude de changer de semence tous les ans et prétendent qu'ils s'en trouvent mieux. Quelques-uns tiennent à placer le grain dans des conditions opposées à celles où il a végété l'année précédente : s'ils ont des terres douces et franches, ils recherchent les produits des terrains rudes et montagneux, et réciproquement.

En admettant qu'il puisse y avoir quelque chose de fondé dans certains systèmes, on m'accordera bien aussi que pour la plupart des gens c'est affaire de fantaisie et de caprice. Je vais même plus loin, et je dis que dans l'état actuel de nos connaissances agricoles, nul ne choisit et ne peut choisir ses variétés de semences avec discernement et en s'appuyant sur un principe.

En effet, tout le monde reconnaît qu'il y a une connexité, une corrélation directe entre ces deux grandes questions agricoles : celle des semences et celle des terrains ; mais personne ne connaît les rapports de ces deux questions. Je m'explique : ne connaissant pas à l'avance et d'une manière précise les substances minérales et organiques que telle ou telle variété de froment exige indispensablement pour se développer à souhait, et ne sachant pas non plus l'exacte composition physique et les propriétés chimiques de notre sol, nul de nous ne possède aucun élément suffisant d'appréciation qui puisse nous guider pour admettre ou rejeter telle ou telle espèce de grain.

Pourrait-on trouver un moyen d'éclairer les deux faces de cette question ? Oui, et voici ce que je propose : que le gouvernement institue dans chaque chef-lieu d'arrondissement une commission de chimistes chargée d'analyser les différentes espèces de céréales que l'on sème dans la contrée, et de dresser un tableau synoptique et comparatif faisant connaître quelles substances organiques et inorganiques chacune d'elles absorbe et dans quelles proportions ; que le tableau soit rendu public d'une façon ou d'une autre, peu importe, qu'on l'insère même si l'on veut dans les almanachs, lesquels contiennent tant d'autres choses moins utiles, et il y aura déjà un des termes du problème de résolu.

Il ne dépendra plus, dès-lors, que des propriétaires de connaître le second, et il me semble que tout homme un peu soucieux de ses intérêts voudra posséder cette donnée scientifique. Il suffira que chacun fasse analyser ses terres par cette même commission de savants nommée et rétribuée par l'État, et qui ne pourra exiger des particuliers que le strict remboursement des frais d'analyse.

Bientôt le sol arable de la France sera connu géologiquement comme sa surface est connue géographiquement, et au lieu de faire de l'agriculture les yeux fermés, on la fera les yeux ouverts, c'est-à-dire en s'appuyant sur des bases raisonnées. Chaque commune aura son plan géologique comme elle a ses plans parcellaires superficiels.

C'est aux comices et aux sociétés d'agriculture qu'il appartient de seconder cette idée, en prenant l'initiative d'adresses au gouvernement pour solliciter la création de commissions d'analyse. Les ingénieurs, avec l'adjonction de quelques autres membres, rempliraient parfaitement cette mission.

En attendant l'intervention de l'Etat dans cette question d'une si haute importance agricole, il faut que chacun s'éclaire de ses propres lumières et ne compte que sur sa perspicacité personnelle Toutefois, les données de la physiologie végétale pouvant nous servir dans la question que nous traitons, c'est-à-dire la sélection des semences, nous allons entrer, à propos de l'acte de la germination, dans quelques détails qui, bien que scientifiques, ne dépassent cependant la portée d'aucune intelligence. L'étude de ces phénomènes va d'ailleurs nous servir à la démonstration des causes probables de la carie, et à prouver la nécessité du vitriolage.

Sous l'influence de l'humidité et de la chaleur, la fécule et le gluten du grain de blé se ramollissent et passent à l'état laiteux. C'est une première préparation de la substance qui doit alimenter le germe naissant jusqu'à ce que cet être embryonnaire qu'on nomme plantule ait pu former des organes essentiels (tigelle et radicelle) qui lui permettent de vivre aux dépens de l'atmosphère et du sol.

Mais la fécule et le gluten ne peuvent être absorbés par les vaisseaux de la plantule qu'autant qu'ils ont été dissous et transformés en liqueur sucrée. Or, les amidons et le gluten sont insolubles dans l'eau, bien que ce liquide ait la propriété de les séparer l'un de l'autre, comme on peut s'en convaincre en plaçant sur un tamis ou sur un linge fin une petite quantité de farine sur laquelle on fait couler un filet d'eau. Une matière gluante reste sur le tamis, c'est le gluten avec l'huile ou matière grasse qu'il contient, et ce qui a été entraîné par l'eau et déposé au fond du vase où on l'a recueilli, c'est l'amidon.

La plantule périrait donc infailliblement si, à un moment donné, il ne se formait dans l'intérieur de la pâte laiteuse du grain un agent chimique nommé *diastase*, lequel a la propriété de la rendre soluble dans l'eau. C'est précisément ce qui arrive, car rien ne reste inachevé dans les œuvres de la nature, et tout y est admirablement prévu.

On pourra se rendre compte de l'effet que produit la diastase par l'expérience suivante. Faites moudre de l'orge non germée, et vous verrez que sa farine reste insoluble dans l'eau. Au contraire, faites-la moudre après qu'elle aura germé, et sa fécule se dissoudra complétement dans de l'eau légèrement chauffée, absolument comme le ferait un morceau de sucre.

La fécule modifiée par la diastase devient la *dextrine*, et est entraînée dans la sève de la plantule.

On voit maintenant pourquoi le grain le mieux nourri et le plus mûr est celui qui convient le mieux pour semence. Si la dextrine manque à l'embryon ou plantule, il arrivera ce qui arrive pour tout être (plante ou animal) qui a souffert au début de la vie : il reste toujours plus ou moins languissant dans sa période de développement.

Mais il ne suffit pas que le grain de semence soit bien nourri et bien mûr ; il faut encore le débarrasser des germes ou spores de mauvaise nature qui peuvent adhérer à sa pellicule et qui, vu leur ténuité, ne sont pas visibles à l'œil nu ; c'est l'opération du vitriolage. Lorsqu'on aura réfléchi que la plus petite graine renferme elle-même tout un monde, le monde des *infiniment petits*, lequel échappe, non seulement à nos sens, mais même à nos instruments les plus parfaits, on aura un peu moins de confiance dans la belle apparence que peut offrir le grain que l'on a sous les yeux, et par précaution on cherchera à détruire les germes des parasites ou champignons qui produisent la carie ou *fouèdre*.

L'atmosphère est pleine de millions et millions de spores, séminules et graines qu'elle charrie, comme le pollen des fleurs, à des distances prodigieuses. Beaucoup de ces séminules ont leurs plantes préférées et s'y attachent comme si elles avaient l'instinct des êtres animés. Le grain surtout a pour parasite un champignon de la famille des mucidinées qui, dans certaines conditions favorables, naît en même temps que le germe lui-même, pousse ses ramifications dans la tige, et, s'identifiant avec elle, en altère et pervertit le principe générateur. Cette tige est dès lors atteinte d'un vice originel, comme le serait un homme qui, malgré l'apparence de la santé, renfermerait en lui un germe de mort. Ce parasite empêchera, par son intrusion dans l'organisme de la plante céréale, la formation de la substance sucrée de la sève, laquelle, à l'état sain et normal, se transforme en fécule et en gluten dans l'épi; il prendra la place de l'hôte aux dépens duquel il vit, et il se substituera à lui dans les cosses du grain sous forme de poussière noire pulvérulente.

Ceux qui trouvent plus commode de se laisser aller à la dérive dans les eaux du hasard, vous diront que la carie provient d'une maladie climatérique, d'une cause externe due à l'état de l'atmosphère; et là-dessus ils se croisent les bras, et, comme les Orientaux, s'endorment paisiblement dans leur fatalisme.

Pourtant il me semble qu'il n'est guère plus difficile de concevoir un vice organique originel dans les plantes que dans les animaux. Ici la cause morbide peut être un ver, et là un champignon : voilà toute la différence. Si l'on ne croyait qu'à ce qu'on voit avec les yeux du corps, on croirait à bien peu de choses et bien des sciences seraient encore à faire. Il faut que les yeux de l'intelligence suppléent aux imperfections de nos organes matériels et nous donnent les mêmes moyens de certitude.

Cet article se résume ainsi :

1° Bien qu'il soit évident qu'on ne fait pas un agriculteur dans un laboratoire de chimie, puisqu'il est des notions, des *faits agricoles* que la pratique seule fait acquérir, il n'en est pas moins vrai que la science théorique est un puissant auxiliaire et que son concours peut rendre de grands services ;

2° Le choix des semences n'est pas sans importance, et la physiologie végétale nous enseigne pourquoi elles doivent être bien mûres, bien pleines, bien nourries ;

3° Même dans ces conditions, on doit encore les soumettre à l'action du sulfate de cuivre ou du sel de Glauber, pour détruire autant que possible les germes parasites et atténuer les effets désastreux de la carie ou *fouèdre*.

CHAPITRE V.

ENSEMENCEMENT DES TERRES.

Un bon mode d'ensemencement des terres et un bon système de labourage sont certainement les deux questions principales de l'agriculture, et à ce titre, elles méritent toute l'attention des praticiens et toute la sollicitude du Gouvernement et des Sociétés agricoles.

ENSEMENCEMENT DES TERRES AU MOYEN D'UN SEMOIR. (*)

D'après la Statistique, dix-huit millions d'hectares sont cultivés chaque année en céréales et absorbent trente-six millions d'hectolitres de semence. Cette quantité est exorbi-

(*) L'auteur de cet opuscule a reçu de la Société d'Agriculture de Mayenne une médaille de 1re classe pour un semoir de son invention.

tante et superflue : car on peut affirmer que les trois quarts sont enfouis en pure perte. Il est même constaté dans la pratique agricole qu'à l'aide d'un bon semoir on peut économiser jusqu'aux quatre cinquièmes de la semence et obtenir un rendement supérieur en paille et en grain.

Je vais sommairement énumérer ici les principaux avantages du semoir

1° *Economie de semences.* Soit que vous fassiez vos rayons à des distances de 20 ou de 30 centimètres, soit que vous semiez en lignes continues ou par groupes, il est certain que vous mettrez trois fois moins de semences que par la méthode ordinaire, c'est-à-dire à la volée. Vos grains ou graines tous enfouis dans une terre bien ameublie se trouvent placés dans le milieu le plus favorable et dans les meilleures conditions pour germer et végéter.

Toutefois, en suivant ce mode d'ensemencement, chacun doit être averti qu'il contracte par cela même deux obligations essentielles : 1° sarclages soigneusement faits sous peine de voir les plantes adventices envahir les emblaves, les entre-lignes offrant tout naturellement aux herbes parasites une place au soleil. Avec la houe à cheval ou même la bèche à main, ce travail n'est ni long ni coûteux, mais fut-il dispendieux, il faudrait le faire encore, tant est grand l'avantage d'avoir un sol bien nettoyé. 2° Hersage énergique au printemps pour favoriser le tallage, c'est-à-dire le développement des tiges latérales qui s'ajoutent aux tiges-mères. On sait que pour donner naissance à ces racines coronales il faut que le plant ou tige soit convenablement espacé et soit suffisamment recouvert de terre ameublie. Ceci est élémentaire. C'est donc une pratique insignifiante que de promener doucement, comme le font certains cultivateurs, une légère herse d'épines, laquelle ne réussit même pas toujours à rompre la croûte du sol lorsqu'elle est un peu dure. C'est avec une herse de fer, avec une bonne herse *Valcourt* que doit se faire cette opération ; et on ne doit pas s'émouvoir le moins du monde de voir quelques racines arrachées. Le tallage les rendra au centuple. Sans hersage, peu ou point de tallage ; sans tallage point de beaux épis. N'avez-vous pas souvent remarqué avec surprise que tel champ dont vous aviez admiré au printemps la végétation touffue et luxuriante, ne portait au moment de la récolte que des épis chétifs et courts? Quelle en est la cause? C'est le plus souvent une surabondance de semences, et conséquemment un défaut de tallage. Ne serait-ce pas là aussi une des causes principales de la dégénérescence des grains?

Ce qui sera longtemps dans nos contrées un obstacle à l'emploi des semoirs, c'est qu'on aime généralement à semer très-épais. Plus le terrain est pauvre, plus on ouvre la main ; on le charge d'autant plus de germes à nourrir qu'il paraît disposé à en nourrir moins. L'inverse semblerait cependant plus rationnel. Voici en effet ce qui se passe : les racines de tous ces plants trop peu espacés, en se développant latéralement, arrivent bientôt à se toucher. Les spongioles, ces suçoirs qui existent à l'extrémité des racines et qui sont comme de petites pompes aspirantes avec lesquelles les tiges absorbent les sucs nourriciers du sol, les spongioles, dis-je, en trop grand nombre sur un même point, cherchent en vain un *humus* qui leur manque. Toutes ces racines s'affament les unes par les autres. Beaucoup de tiges périssent; le reste en souffre toujours, et cela doit être. On attable cent convives là où il y a à peine de quoi manger pour dix; aussi qu'arrive-t-il? C'est qu'il y a famine; les plus faibles meurent et les autres restent languissants.

Je ne saurais trop insister sur ce point essentiel: la bonne distribution de la semence. Je m'adresse ici aux cultivateurs et je leur dis: « si vous n'aviez qu'une surface d'un mètre carré « à ensemencer au lieu de 4 à 5 hectares, ce qui est qulque « chose comme quarante à cinquante mille mètres carrés, « vous vous donneriez certainement bien la peine de piquer « votre grain comme des pois. En l'espaçant en tous sens à « 20 centimètres par groupes de 4 grains ou un à un, le long « d'un rayon, à la distance de 5 centimètres, vous ne mettriez « que cent grains seulement sur cette surface d'un mètre « carré au lieu de cinq à six cents, comme vous le faites, à la « volée. » Eh bien! c'est une pareille moyenne que l'on doit adopter pour un semoir, ce qui fait, par conséquent, quatre cent mille au journal de quarante ares ou un million à l'hectare. Du reste, on peut à volonté faire varier cette proportion en plus ou en moins. Un hectolitre de belle semence, après vitriolage, contient *quinze cent mille* grains; c'est ce que sèment au journal la plupart des fermiers de la Mayenne, c'est-à-dire un million de plus que s'ils piquaient grain à grain.

Si vous isoliez vos tiges de céréales dans les champs, c'est-à-dire, si vous les espaciez convenablement, le tallage foisonnerait, et le rendement serait supérieur. Mais comme vous ne pouvez faire cette besogne à la main, le semoir la fera pour vous et mieux que vous.

2° *Uniformité de profondeur dans l'enfouissement des semences:* lorsque vous enterrez votre grain à la charrue, soit que vous le fassiez ensuite bécher ou herser, il arrivera toujours ceci: c'est que vous aurez toutes les profondeurs d'enfouissement depuis zéro jusqu'à douze et quinze centimètres; je dis depuis zéro parce qu'en effet il y en a qui reste à nu sur le sol. Mais qu'importe! dira-t-on, puisque tout lève également bien. J'accorde que l'inégalité de profondeur soit sans importance quant aux phénomènes originels de germination et de végétation; la plumule montera toujours à l'air et la radicule plongera dans la couche arable; c'est vrai. tout se passera comme à l'ordinaire suivant les lois de la physique végétale. Mais pensez-vous que toutes les phases subséquentes de la végétation s'accompliront dans les mêmes conditions et avec les mêmes chances favorables? Ainsi, croyez-vous que l'action du calorique et de la lumière, de la pluie et du beau temps, de la sécheresse et de la fraîcheur se fera sentir d'une manière identique sur toutes ces tiges dont les racines sont les unes à la surface et les autres à des profondeurs diverses? évidemment non. Eh bien! je ferai ici une observation importante, observation que je place sous l'autorité de monsieur Bodin, le savant directeur de l'école d'agriculture de Rennes: il résulte de nombreuses expériences faites par lui que le rendement le plus considérable est en faveur de l'enfouissement à sept centimètres. A quatre centimètres le rendement est bien inférieur, et à onze centimètres il est encore de beaucoup moindre. La déduction logique de ce qui précède, c'est qu'il existe réellement une profondeur d'enfouissement qu'il faut savoir trouver pour arriver au *maximum* de rendement. Ce sera à chaque expérimentateur, propriétaire ou fermier, à chercher la mesure vraie, variable sans doute suivant les terrains, mais qui n'en existe pas moins pour chaque sol. Le rendement, après divers essais comparés, sera le *criterium* qui servira à determiner cette mesure.

3° *Epandage des engrais pulvérulents.* Je ne propose pas les semoirs, il faut que je le dise tout d'abord, comme économisant l'engrais, mais comme offrant un moyen facile de limiter l'emploi des amendements dont il ne faut pas abuser, tels que la chaux, le plâtre, etc., ou de répandre plus uniformément les engrais auxiliaires, stimulants qui ne sont pas à dédaigner, tels que le guano, la poudrette, le noir animal, les cendres, etc. Une bonne fumure générale me paraît toujours indispensable. Les omœopathes ont bien le pouvoir ou plutôt la prétention de rendre à l'organisme humain ses principes de vitalité au moyen de globules microscopiques et impondérables; mais je doute qu'on puisse reconstituer dans un sol appauvri les éléments et les principes de production avec ces petites boîtes de poudre fertilisante ou ces flacons d'engrais liquide qu'on peut mettre dans sa poche. Toutes ces recettes si portatives, tous ces élixirs tant concentrés, je les soupçonne fort d'un lien de parenté avec la célèbre pommade du lion, et je crains bien qu'ils fassent pousser le grain comme celle-ci fait pousser les cheveux. Mais commencez par fumer convenablement votre terrain lors du premier ou du second labour, et au moment des semailles, il vous suffira de laisser couler avec le grain dans les rayons les engrais auxiliaires dont je parle.

4° *Economie de bras et de temps.* Le terrain étant préparé à l'avance, et dès le mois de septembre, si l'on veut, on comprend qu'un jour ou deux de beau temps suffiront pour semer. Il n'y a plus dès lors à s'inquiéter du mauvais temps qui règne habituellement à l'époque des semailles d'automne. On trouvera bien un jour ou deux de convenables, et on fera bien de les attendre, car le beau temps a plus d'importance qu'on ne le pense généralement pour faire cette opération.

CHAPITRE VI.

ASSOLEMENT CONTINU ALTERNE.

Avant d'aborder les détails de l'examen analytique de l'assolement continu alterne, que nous voudrions voir partout mis en pratique, jetons un coup-d'œil rétrospectif sur le chemin parcouru par ceux qui nous ont précédé dans la carrière agricole.

Il y a quelque vingt ans, les agriculteurs du Bas-Maine étaient encore imbus de ce préjugé, aussi faux en physiologie végétale que funeste en économie rurale, à savoir, qu'après une récolte de céréales, la terre qui l'avait produite n'était plus apte à rien produire et devait être laissée au repos, c'est-à-dire en friche, pendant 3, 4 ou 5 ans.

Cette terre au repos, comme pour donner un démenti formel à cette croyance devenue un article de foi dans les campagnes, avait beau s'empresser de produire, spontanément et à sa guise, une foule de plantes adventices bonnes ou mauvaises, nos bons aïeux n'en tenaient pas compte et n'en continuaient pas moins leurs errements le plus placidement du monde. Les ajoncs, les genêts, les fougères, les chiendents, les patiences, voire même les ronces et les broussailles, tout cela envahissait le champ qu'on avait voulu *laisser en herbe* et qui contenait en réalité toute espèce de choses, sauf de l'herbe. Le fermier voulait que la terre se reposât, mais celle-ci s'obstinait à produire, et il ne venait à l'idée de personne de mettre à profit cette bonne volonté du sol pour lui confier une récolte différente de la précédente, mais avantageuse cependant, et qui ne l'épuisât pas plus que toute la famille des mauvaises plantes dont elle se couvrait.

Il existait aussi un autre mode de traitement du sol, c'était la *jachère*. Mais du moins la jachère, c'est-à-dire une succession de labours non suivis d'ensemencement, et pratiqués uniquement en vue d'améliorer le sol par les agents chimiques de l'atmosphère et par les influences du soleil durant les mois de l'été, avait et a encore dans certaines conditions et dans certains pays, sa raison d'être et son utilité relative. Toutefois, en thèse générale, labourer sans récolter, dépenser sans produire n'est pas une bonne pratique agricole, et elle est surtout irrationnelle et condamnable lorsque, tout en obtenant des produits lucratifs, on peut arriver à des résultats analogues et même supérieurs à ceux de la jachère.

Le système des friches et des jachères a, du reste, presque partout disparu dans nos contrées, et nous n'en parlons guère ici que comme souvenir traditionnel. Mais, du point extrême de ce système négatif on s'est lancé, avec un entraînement vertigineux, par de-là les lois fondamentales de l'agriculture, jusqu'aux confins de l'abus contraire, et aujourd'hui l'on produit et l'on veut produire *quand même*, à outrance, et sans songer au lendemain, sans souci de l'avenir de la génération qui succédera, et qui, elle, ne trouvera plus peut-être qu'un sol épuisé, mort et stérile pour un demi-siècle. Il est temps, en vérité, que cette fièvre de production désordonnée, que cette anarchie d'assolements désastreux, que cette guerre ouverte faite aux principes culturaux les plus élémentaires, se calme et s'arrête. Il est des fermiers qui, malgré la loi du bon sens et au mépris des usages légaux reçus et établis, ensemencent les deux tiers, et plus, de leur terre en céréales, et parmi ceux qui cultivent le lin (et c'est tout le monde aujourd'hui dans le canton d'Ernée), il en est qui font une si large place à cette plante textile qu'ils lui concèdent le quart, le tiers et jusqu'à la moitié de leurs terres cultivables.

Le fermier a l'ambition de faire sa fortune dans l'espace de quinze ou vingt ans, et il y parvient le plus souvent, mais c'est aux dépens de la terre qu'il exploite ou plutôt qu'il ruine pendant que lui s'enrichit. Déjà les propriétaires se sont émus de cet état de choses qui compromet l'avenir, et ils comprennent pour la plupart qu'il faut à tout prix faire rentrer les colons et fermiers dans les sages limites d'une agriculture raisonnée. Veut-on que je précise et que je spécifie des abus de culture et d'assolement? En voici un dont on peut citer de nombreux exemples : 1re année : froment; 2e année : lin ; 3e année : froment ; 4e année : orge ou avoine, etc., etc. Ainsi, en quatre ans quatre récoltes épuisantes, dont deux sans engrais. Comme excès de production, je pourrais faire connaître des exploitations qui sont ainsi menées et surmenées : sur une étendue de 14 hectares labourables, par exemple, il en existe 6 en grains d'hiver, 2 en grains de printemps, 3 en lin, 2 en trèfle et ray-grass, et seulement 30 à 40 ares en seigle de coupage, 15 à 20 en racines mal fumées et mal sarclées, et 20 à 25 en choux branchus. Et tout cela encore rapporte peu, et le fourrage est consommé sans profit.

Les 2 hectares de trèfle et de ray-grass sont mangés en vert par les animaux de service, et suffisent à peine à les entretenir en bon état ; viennent ensuite les regains de prairies, qui sont aussi absorbés par eux ; et enfin, l'hiver, 15 à 20,000 kil. de foin naturel, en mélange avec de la paille, sont également consommés sans que, le plus souvent, pas une tête de gros bétail soit vendue à la boucherie C'est que, comme l'a dit avant moi un célèbre agronome : en agriculture, *un peu* de fourrages n'est *rien*, *beaucoup* de fourrages, *immensément* de fourrages, c'est *tout*.

Qu'il y a loin de ces exploitations ainsi conduites à celle dirigée par ce fermier du canton de Gorron, lauréat de la Société d'agriculture de Mayenne, lequel trouve moyen sur une ferme de 12 hectares cultivables de vendre annuellement 10 et quelquefois 12 bœufs gras aux bouchers, et cela, grâce à sa culture en grand des racines et des fourrages !

D'après ce que je viens de dire, l'actualité et la gravité de la question que je soulève ne peuvent échapper à personne, et les propriétaires de ce pays doivent en faire par eux-mêmes une étude toute spéciale.

Trois grands principes régissent et dominent l'assolement *continu alterne* que je propose et auquel je donne la préférence sur tout autre :

1° A toute récolte *épuisante* et *salissante* faire succéder une récolte *améliorante* et *nettoyante* ;

2° Ne ramener le trèfle à la même place que tous les cinq ou six ans, et le lin qu'après une période de sept ans ;

3° Consacrer la moitié au moins des terres arables de l'exploitation aux plantes alimentaires pour les animaux de travail, de façon à ce que les fourrages des prairies naturelles puissent être réservés en entier pour l'engraissement des bêtes de rente.

Supposons une métairie de moyenne grandeur, comme il en existe un si grand nombre dans la Mayenne, savoir :

Terres arables	14 hectares
Foins de prairies naturelles	15,000 kil.

et appliquons notre système d'assolement continu alterne à cette exploitation :

		hectares
Racines pour les bestiaux et consistant en betteraves, carottes, pommes de terre, navets, rutabagas, etc	1	
Fourrages destinés à mûrir et à être rentrés pour les provisions d'hiver, et consistant en trèfle, ray-grass, etc.	2	7
Fourrages hâtifs se composant : 1° alors que les gelées sont encore à craindre, d'un mélange de seigle, de moutarde blanche et de pois précoces ; 2° lorsque la saison est plus avancée, d'un mélange de sarrasin, de maïs quarantain, de spergule, de vesceron ; 3° de moutarde, de pois quarantains, de moha, etc.	4	

Voilà 7 hectares formant la moitié des terres labourables ne portant, comme on le voit, que des plantes d'alimentation pour les animaux.

L'autre moitié est occupée comme suit par les céréales et les plantes industrielles :

Froment d'hiver	4	hectares 7
Lin ou colza	2	
Orge ou avoine	1	

Indiquons maintenant les moyens pratiques d'exécution pour établir cet ordre de choses.

Pour 1 hectare de racines, il faut 75 mètres cubes de fumier ; et si tout d'abord on ne peut disposer d'une pareille quantité, il faudra limiter la sole des racines selon le fumier disponible et suivant la proportion indiquée.

De quinzaine en quinzaine, et à mesure que les premiers fourrages semés en automne seront coupés en vert et consommés par les bestiaux, on les remplacera par d'autres fourrages précoces fumés avec du fumier sortant de l'étable et enfoui immédiatement, alors qu'il est encore tout imprégné de purin Deux mois plus tard, ces fourrages sont bons à couper et seront remplacés par d'autres encore fumés de la même manière. Si une troisième récolte, dans les années chaudes, est encore possible, on aurait tort de ne pas l'essayer, car les deux premières fumures ayant suffi pour fertiliser convenablement le terrain, cette dernière récolte pourra se faire sans engrais.

Cette succession de fourrages hâtifs féconde et nettoie le sol mieux que tout autre mode de culture En effet, les graines des mauvaises herbes, par suite des labours réitérés qui les ramènent à la surface, ont germé et végété dès le printemps et au commencement de l'été, et elles ont été successivement détruites par les deux ou trois façons données à la terre aussi bien et mieux que par le système de l'improductive jachère. On peut donc compter pour les semailles d'automne sur une terre très-nette et bien ameublie.

La couche de terre végétale du sol, loin d'avoir été épuisée par ces divers coupages, a au contraire été améliorée ; car il est prouvé que ces plantes vivent presque en totalité des gaz atmosphériques dans la première période de végétation, et que ce n'est que pour la maturation de leurs graines qu'elles aspirent si avidement les sucs nourriciers du sol. D'ailleurs, les éteules et les débris organiques de ces fourrages rendent au terrain plus qu'ils ne lui ont pris.

Le fumier enfoui au sortir de l'étable ne subit aucune déperdition, et il se trouve *fait* à point pour le moment des semailles automnales.

La rotation d'assolement se fera de la manière suivante :

Les 4 hectares de fourrages précoces seront consacrés aux emblaves des grains ;

A l'hectare de racines succèdera au printemps l'avoine ou l'orge ;

Enfin, le trèfle et le ray-grass cèderont la place à une façon de lin ou de colza. Si quelqu'un doutait de la réussite du lin sur trèfle, je pourrais la garantir, pour peu qu'il prenne soin de rouler.

On voit que le lin et le colza ainsi que le trèfle ne reviendront sur le même terrain que tous les sept ans, puisqu'il n'est pris annuellement pour leur culture que 2 hectares sur 14. J'ai raisonné dans l'hypothèse où les 14 hectares étaient également propres à la production des plantes industrielles, lin et colza ; mais s'il en était autrement, on ferait varier la proportion du terrain qui doit leur être affecté.

En un mot, on peut modifier comme on voudra ce régime d'*assolement continu*, pourvu qu'on ne s'écarte jamais des trois règles fondamentales que j'ai posées en premier lieu et que je crois devoir rappeler.

A toute récolte *épuisante* faire succéder une récolte *fécondante*.

Employer au moins la moitié des terres labourables en racines et en fourrages de toute nature.

Ne ramener à la même place les plantes textiles ou oléagineuses que tous les sept ans, et les trèfles que tous les cinq à six ans.

L'expérience des hommes qui ont passé leur vie à étudier la culture de ces plantes doit faire loi en cette matière, et il y aurait danger à s'en écarter. En suivant leurs conseils, on pourra faire du lin et du colza indéfiniment dans notre contrée, si toutefois encore on veut bien prendre garde de ne pas surchauler. Mais si, comme le font certains cultivateurs imprévoyants et insouciants de l'avenir, on ne tient aucun compte des enseignements de la science et de l'expérience, ces riches cultures disparaîtront d'ici à un assez court laps de temps, et l'on verra ainsi tarir une des principales sources de la fortune générale du pays.

Qu'on juge de la gravité de cette question, rien que par le seul canton d'Ernée et des environs, dont la production linière s'élève à près de trois millions de francs par an. C'est une véritable mine d'or a exploiter; mais c'est plutôt de l'industrie que de l'agriculture, et il ne faut jamais oublier que l'élément vital de celle-ci, pour ne pas déchoir de sa période ascendante actuelle, c'est l'entretien d'un nombreux bétail. Si je pouvais entrer ici dans des considérations historiques, je montrerais comment, trois siècles avant Jésus-Christ, les champs du territoire romain, alors que l'on comptait plus d'une tête de gros bétail par hectare, rapportaient de 15 à 20 pour 1 ; puis, comment au temps de Varron et de Cicéron, lorsque le nombre des animaux était limité aux besoins du service des terres, le rendement était tombé à 7 ou 8 pour 1 ; et enfin comment, cent ans plus tard encore, et cela durant plusieurs siècles, le bétail décroissant progressivement, la production ne fut plus que de 4 à 5 pour 1 ; mais cette digression m'entraînerait trop loin. Je me bornerai seulement à rappeler cet aphorisme bien connu, qui repose sur l'enchaînement logique des faits et que tout cultivateur devrait se répéter à lui-même à toute heure du jour : *qui a du foin a du pain.*

Si maintenant on désire apprécier, par approximation, les heureux résultats de l'assolement continu, que je viens d'expliquer sommairement, il suffit de prêter quelque attention à l'éloquence des chiffres suivants :

Le produit de l'hectare de racines peut aller jusqu'à 100,000 kil. pesant. M. Bodin, directeur de l'Ecole d'agriculture de Rennes, obtient et dépasse quelquefois ce rendement, et j'ai, moi aussi, atteint des résultats analogues.

100,000 kil. de racines représentent en valeur nutritive, comparée à celle du foin de pré	33,000
Les 2 hectares de trèfle et ray-grass donneront bien, en deux coupes, au moins	15,000
Ajoutez à cela les fourrages des prairies naturelles que nous avons supposés être de	15,000
Vous aurez un total de	63,000

à faire consommer pendant les mois d'hiver.

Que l'on juge maintenant quelle quantité de gros bétail pourra être nourrie et engraissée avec de pareilles provisions, et quelle masse d'excellent fumier sera faite par lui.

La paille des 4 hectares des grains d'hiver et celle de l'hectare de grains de printemps seront employées à la litière; car je ne conseillerai pas à un fermier qui a pareille abondance de nourriture, de faire manger de la paille à ses animaux, si ce n'est toutefois la quantité qui peut être nécessaire pour un mélange avec les racines.

On a dû remarquer qu'une des conséquences du régime dont il s'agit est la stabulation permanente pendant huit mois consécutifs, puisque je n'ai réservé aucune pièce de terre pour pâture aux animaux. Ils ne sortiront donc que pour paître les regains des prairies. Cette réclusion, source d'une grande augmentation de fumier, ne saurait avoir d'inconvénient qu'autant que les logements qui leur sont affectés ne seraient pas suffisamment vastes et aérés, et dans ce cas ce serait au propriétaire, s'il entend ses intérêts, à remédier à cet état de choses. D'ailleurs, avec le système des fourrages hâtifs se succédant les uns aux autres, les attelages sortiront presque tous les jours pour les besoins du service, car la besogne se répartira sur toute l'année, au lieu de s'accumuler au temps des travaux de l'automne, comme cela a lieu.

Il résulte de tout ce qui précède, qu'il faut se hâter de faire sortir l'agriculture de la mauvaise voie où elle s'engage, et de la ramener aux véritables sources de la richesse territoriale. Si le rôle des Sociétés d'agriculture est surtout d'encourager le progrès, c'est aussi un devoir pour elles de prémunir contre les abus.

CHAPITRE VII.

CULTURE DE LA BETTERAVE.

Les racines fourragères étant en agriculture une des conditions de prospérité, et la betterave occupant peut-être le premier rang parmi celles-ci, il n'est pas sans utilité de vulgariser le mode pratique de culture qui convient le mieux à ce genre de racines. M. Joigneaux, avec cette autorité et cette supériorité d'enseignement que personne ne lui conteste, a posé théoriquement les vrais principes en cette matière, et c'est en conformité de ces principes que je me suis fait une méthode qui me réussit à merveille.

Dans la partie de l'arrondissement de Mayenne où j'habite, les cultivateurs ont à leur disposition des terrains riches et des fumiers abondants, et, malgré ce double élément de succès, ils n'obtiennent que des produits imparfaits et qui dès lors ne leur offrent que de faibles ressources pour l'hiver. Cela tient à deux causes faciles à signaler : repiquage trop tardif et effeuillement continuel. Beaucoup de fermiers ne cultivent guère la betterave que pour ses feuilles, auxquelles ils attribuent des propriétés alibiles imaginaires, tandis qu'elles ne contiennent en réalité que des principes nuisibles et peu de substance nutritive. Mais il est assez difficile de redresser leurs idées à cet égard. Si vous leur dites que les feuilles ne sont pas, comme ils le croient, des appendices inutiles au développement du tubercule, mais bien ses organes indispensables d'aspiration et de respiration, ayant des fonctions analogues à celles des poumons dans l'homme ; si vous leur dites que c'est par les feuilles que les plantes absorbent les gaz atmosphériques, dont elles s'approprient les éléments utiles, et que leur développement progressif ne se fait que par la fixation du carbone après décomposition du gaz acide carbonique sous l'action de la lumière ; c'est leur parler de phénomènes qu'ils ne peuvent comprendre et qui ne font que provoquer leur rire ou leur défiance. Ce serait à l'instituteur à donner aux enfants de la campagne ces notions élémentaires. Plus tard ils en feraient leur profit, et n'agiraient pas si souvent à contre-sens des vœux de la nature.

J'arrive au but de cet article, c'est-à-dire au mode de culture que je pratique et dont je n'ai qu'à m'applaudir. A l'automne, je fais un labour profond, en planches, avec fumure ordinaire ; puis, dès le mois de février, si le temps le permet, je divise mon terrain en petits billons formés par deux traits de charrue. Dans les raies qui séparent ces billons, je répands de bon fumier d'étable, court et assez consommé pour ne pas soulever la terre par la fermentation. Je fends ensuite par le milieu ces petits billons dont je viens de parler, et j'en forme d'autres semblables dont la base repose sur mes lignes de fumier. Je herse et tasse avec le rouleau ce nouveau labour, puis je sème en lignes sur le sommet de chaque billon.

Lorsque les plants ont atteint la grosseur du petit doigt, j'éclaircis mes lignes en mettant un espacement de 30 à 40 centimètres entre chaque plant conservé. Vient ensuite le sarclage. Voici comment je fais exécuter cette opération : un homme, avec un outil qu'on nomme un *foussoir*, bêche les entrelignes et jette les mottes retournées contre chaque rang de betteraves, ce qui les sarcle et les butte tout à la fois. Enfin, lorsque le temps est à la pluie, je fais jeter au pied de chaque plant une demi-poignée d'un mélange de guano et de cendre lessivée. Toutefois, je suis prudent dans l'emploi de cet engrais, excellent, mais corrosif, et j'aime mieux, s'il y a lieu, y revenir une seconde fois.

Le fumier d'étable, enterré sous les billons à une assez grande profondeur, sollicite en quelque sorte les racines des tubercules à descendre jusqu'à lui; d'autre part, ces mêmes tubercules, par leur position au sommet d'un ados, reçoivent sur leurs faces latérales toutes les influences de l'atmosphère : ces deux causes concourent donc à les empêcher de trop sortir de terre, et rendent par là même leur pulpe plus riche en saccharine.

Je préfère le semis au repiquage; car chaque fois que j'ai essayé de celui-ci, bien que l'opération se fit par le temps le plus convenable et avec les plus grands soins, les produits obtenus d'après cette méthode sont toujours restés de moitié au moins inférieurs à ceux provenant du semis en place. Ainsi, alors que le semis me donnait des betteraves pesant en moyenne 4 à 5 kil., et quelques-unes atteignant jusqu'à 8 et 9 kil., le repiquage ne produisait que des tubercules de 2 à 3 kil. au plus, et cela dans le même terrain. Je sais bien que Mathieu de Dombasle obtenait des racines magnifiques en repiquant des plants d'abord faits en pépinière. Mais la raison, il vous la dit lui-même : c'est qu'il semait sur couche dès le mois de janvier, en serre ou sous vitrine, de telle sorte qu'il pouvait repiquer ses jeunes betteraves à l'époque où nous semons les nôtres Si nous avions des serres agricoles ainsi que

Reydemorande nous les indique et nous en trace le plan, nous pourrions imiter M. de Dombasle ; mais jusque là cela n'est pas exécutable pour la plupart des fermiers.

La betterave a besoin d'une longue végétation pour accomplir son complet développement. De quinzaine en quinzaine à peu près, il se forme une nouvelle couche circulaire qui vient se juxtaposer et se surajouter à la précédente. Toutes ces couches sont concentriques et se forment extérieurement, et non par le centre, de telle sorte que les dernières sont celles précisément qui ont le plus grand diamètre : on comprend, dès lors, l'importance qu'il y a à obtenir quelques couches de plus et à avoir sept mois de végétation au lieu de cinq.

En semant de bonne heure et en ne repiquant pas (la reprise faisant toujours perdre quelques-unes de ces couches ou anneaux circulaires dont je viens de parler), on peut espérer d'arriver à un rendement moyen de 1,000 kil. par are de terrain, ce qui est l'équivalent, comme valeur nutritive, de 400 kil. de foin sec.

Je cultive de préférence la globe-janne, tant pour la densité et la qualité de la pulpe que pour la netteté de ses racines, lisses et sans chevelu.

CHAPITRE VIII.

AVANTAGES DE LA BETTERAVE POUR L'ALIMENTATION DU BÉTAIL.

Il m'est souvent arrivé d'entendre dire à des agriculteurs, assez intelligents d'ailleurs, que la meilleure nourriture à donner aux animaux étant le bon foin de pré, le fumier qu'exige la culture de la betterave serait plus utilement employé à la production d'un excédant de fourrage ; je ne suis pas de cet avis, quoique j'encourage de tous mes efforts les cultures fourragères de toutes sortes.

Un hectare de terrain peut produire 100,000 kil. de betteraves, tandis qu'une pareille surface de prairie ne donnera jamais, quoi qu'on fasse, plus de 6,000 à 7,000 kil. de bon foin. Or, 100,000 kil. des tubercules en question équivalent à 33,000 kil. de foin. L'écart entre 7 et 33 est assez large, comme on voit, et voulût-on même abaisser de moitié le rendement présumé des racines, il serait encore supérieur de plus du double à celui du foin.

Au surplus, je vais faire une démonstration plus sensible et plus évidente des avantages de la betterave, en appelant à mon aide la logique des chiffres et l'irréfutabilité des faits.

Frais de culture calculés par are de terrain.

1° Fermage du sol (prix élevé)	1 fr.	25 c.
2° Un mètre de fumier.	3	»
3° Labour, sarclage et binage	1	25
4° Guano et cendre	»	50
5° Arrachage et transport à l'habitation.	»	50
Total	6	50

Le produit d'un are, étant de 1,000 kil. en moyenne, coûtera donc 6 fr. 50 c., soit 65 c. les 100 kil.

Voici maintenant comment j'administre cette nourriture. Les betteraves, d'abord coupées par tranches au moyen d'un coupe-racines ou d'une pelle à défaut de coupe-racines, sont ensuite moulues à un moulin à pommes et réduites à l'état de marc. A cette pâte j'ajoute de l'orge moulue, du tourteau de lin dissous dans de l'eau bouillante, de la paille hachée et du sel marin. La paille figure moins ici pour son contingent de principe nutritif que pour désagréger le mélange et rompre sa viscosité ; et puis elle sert à augmenter le volume ; les ruminants ayant besoin d'avoir la panse pleine, il leur faut une ration suffisamment encombrante.

Toutes ces matières, réunies et bien amalgamées entre elles, sont laissées dans le cuvier jusqu'à ce que se manifeste la fermentation alcoolique, ce qui demande plus ou moins de temps, suivant l'état de la température. Le flair le moins exercé reconnaîtrait facilement ce degré de fermentation à une sorte d'odeur vineuse qui se dégage de ce marc de betteraves. C'est le bon moment pour distribuer cette ration aux animaux ; plus tard viendrait la fermentation acétique, absolument comme cela a lieu pour la pâte du boulanger. Toutefois le mélange, quoique aigri, pourrait encore sans danger être consommé par les animaux ; mais il faudra bien se garder de laisser aller les choses jusqu'au 3e degré de fermentation, car alors c'est la putridité, et la putridité est toujours un germe de maladie, une cause de mort souvent.

Arrivons à l'expérimentation que j'ai faite de cette nourriture sur six vaches, dont quatre de grande taille. Voici les données de l'expérience, et chacun pourra la répéter dans ses étables :

Un tiers de la consommation journalière a toujours été représenté par des rations de foin.

Les deux autres tiers se composaient du mélange ci-dessus détaillé et se distribuaient à deux fois. Voici les proportions de chaque substance, avec l'équipollence représentée par une quantité de foin et le prix de revient habituel :

		Coût.	Equipollence en foin.
90 kil.	de betteraves	» 68	30 kil.
1 id.	de tourteau de lin	» 25	2 1/2
3 id.	d'orge moulue	» 36	7
10 id.	de paille hachée	» 30	5
	Sel	» 05	
114 kil.	Total	1 64	44 1/2

J'ai admis pour ces équivalents les bases adoptées par les chimistes et les plus célèbres agronomes. Toutefois je me réserve de faire plus loin une remarque à ce sujet.

On voit que la dépense journalière pour les six bêtes à cornes était de 1 fr. 64 c. (non compris, bien entendu, les rations de foin pur, qui, comme je l'ai dit, entraient pour un tiers dans l'alimentation quotidienne.)

Les 44 1/2 kil. de foin que représente cette nourriture peuvent être évalués, année moyenne, à raison de 30 fr. les 500 kil. pendant les mois d'hiver, soit 2 67

Le coût des autres substances est de 1 64

Différence. 1 03

Que si maintenant l'on suppose que le prix du foin vienne à doubler, ce qui arrive quelquefois, au lieu de 1.03 d'économie, ce sera 2.06 qu'il faudra compter, et cela pour six pièces de bêtes. Qu'on agrandisse la sphère, et qu'on fasse le calcul pour un cheptel de vingt-cinq à trente bêtes à cornes seulement.

Ce n'est pas tout. J'ai dit plus haut que j'avais une remarque à faire sur la valeur attribuée généralement aux diverses racines ou fécules par comparaison avec le foin. Cette remarque, la voici. Il résulte de mes observations personnelles que, soumises au régime alimentaire que j'ai décrit, mes bêtes prenaient de l'embonpoint. Plus tard, après l'épuisement des racines, lorsque je les remplaçais par 45 kil. de foin, je vis que l'embonpoint tendait à rétrograder, et il fallut, pour le maintenir, avoir recours aux issues de meunerie données en supplément. La variété des ingrédients mélangés et additionnés de sel de cuisine, leur fermentation (ou leur cuisson, si l'on voulait employer ce procédé, qui est excellent), développent-elles des propriétés d'assimilation et de chymification dont l'analyse n'a pu tenir compte dans ses travaux sur chaque aliment isolément étudié? C'est probable.

Pour revenir aux termes de mon expérimentation, si 104 kil. de nourriture amalgamée et fermentée, comme je l'ai dit, sont plus assimilables dans l'économie de l'animal que 45 kil. de foin, il y aura moins de déperdition de substance alimentaire, et partant il faudra encore hausser le terme de comparaison en faveur de cet aliment plus *nutritivement* combiné, si l'on peut s'exprimer ainsi. Je livre ces observations aux chimistes et aux expérimentateurs agricoles.

Je ne finirai pas sans signaler à tous les éleveurs et engraisseurs l'heureuse influence physique de bien-être et de bonne santé qui provient de ce mode d'alimentation, et qui se manifeste dans toutes les habitudes de l'animal. Après son repas, il se couche, rumine à l'aise, et n'est jamais tourmenté par ces démangeaisons qui font le martyre de ces pauvres bêtes, dont un régime trop prolongé d'aliments secs et échauffants a rendu le sang trop plastique et les humeurs trop âcres, tout en arrêtant la transpiration de l'enveloppe cutanée, qui se dénude parfois d'une manière hideuse.

Puis, quand vient le printemps, les coups de sang et les maladies inflammatoires emportent beaucoup de ces animrux, qui n'ont pas été, je ne dirai pas abondamment, mais hygiéniquement alimentés pendant l hiver.

Quand les cultivateurs de la Mayenne et d'ailleurs auront sérieusement réfléchi aux avantages des racines pour la nourriture des animaux, ils y attacheront certainement plus d'importance qu'ils ne le font généralement.

CONCLUSION.

Je termine en faisant appel aux agriculteurs intelligents pour combattre incessamment la routine. Il faut la prendre corps à corps, car elle est tenace, têtue et de constitution robuste ; elle est orgueilleuse et se targue d'expérience parce qu'elle n'aime pas à être tirée de l'ornière où elle se plaît. L'expérience, voilà le grand mot dont elle abuse. Pourtant, je le demande, qu'est-ce que l'expérience sinon la science acquise par l'observation des faits. N'est-ce pas, en agriculture, l'étude analytique des phénomènes végétaux pour arriver à une synthèse doctrinale, à une méthode générale d'application pratique? Or, il ne suffit pas d'avoir longuement vécu, il faut surtout avoir beaucoup pensé. Combien de vieillards ne rencontrez-vous pas, lesquels n'ont aucune expérience parce qu'ils n'ont réfléchi sur aucun fait? Combien de cultivateurs se disant très-habiles et qui sont très inexpérimentés, par cette raison très-simple qu'ils n'ont jamais recherché les causes de leurs mécomptes ou de leurs réussites, si ce n'est toutefois dans les bons ou mauvais augures attachés à certains jours, indications cabalistiques qu'ils ont grand soin de se transmettre de père en fils? Un observateur inteligent, aidé d'une bonne méthode expérimentale, apprendra plus dans un an que le praticien routinier dans toute sa vie. Est-ce à dire que je conseille de se lancer dans l'inconnu, à la suite de théories qui n'ont pas fait leurs preuves? Non ; je dirai même que c'est surtout en agriculture qu'il faut être prudent, parce que les témérités y coûtent torp cher. La part du hasard y est déjà si grande que ce serait une faute de donner encore plus de champ aux éventualités. Je ne conseille donc que des essais sur une petite échelle ; mais encore faut-il les tenter. Si personne ne peut dire être arrivé à la dernière limite de la science et du savoir-faire pratique, c'est qu'apparamment il existe encore de nouvelles voies à trouver.

ROBERT DUTERTRE,

Membre correspondant de la Société d'Agriculture de Mayenne et membre de l'Académie nationale de Paris.

Mayenne. — Imp. DERENNE.

www.ingramcontent.com/pod-product-compliance
Ingram Content Group UK Ltd.
Pitfield, Milton Keynes, MK11 3LW, UK
UKHW012106240726
13965UKWH00004B/1571